兒童經典啟蒙叢書

古詩一百首

新雅文化事業有限公司
www.sunya.com.hk

認識古詩

　　中國詩歌歷史悠久，是中國文化及文學的知識瑰寶。為什麼詩歌的吸引力這麼大呢？除了內容豐富、風格多樣之外，還因為很多詩歌讀起來琅琅上口，韻律優美，適合不同年齡的人學習和吟誦。

　　以下一起來認識較具代表性的樂府民歌和唐詩的特點。

活潑、自由的「樂府民歌」

　　「樂府」原指古時管理音樂的官府，早在秦代已經出現。漢代正式設立「樂府」，負責收集和整理民間音樂。後來，這些經樂府收集和整理的民歌，人們稱為「樂府」、「樂府民歌」。有些詩人也會根據樂府民歌的特點，自行創作。

　　漢樂府民歌語言簡樸、活潑，形式自由。有的每句字數一樣，有的長短不一，由兩字一句，去到八字一句都有。句數也沒有限制，有的只是短短幾句，有的長達三百多句。例如：

江　南 漢樂府民歌

江南可採蓮，蓮葉何田田。

魚戲蓮葉間，魚戲蓮葉東，

魚戲蓮葉西，魚戲蓮葉南，

魚戲蓮葉北。

　　《江南》全詩共七句，每句五個字，形式整齊。我們很容易發現，這短短的一首小詩，多次出現「魚戲蓮葉」四字，這是樂府民歌的另一個特色，就是重複使用某些詞語或句子。這些重複出現的字詞，形成迴環往復的音樂美感，也表現出魚兒歡樂地游動，江南人民一邊採蓮，一邊愉快歌唱的情景。

多姿多彩的「唐詩」

　　唐代是中國詩歌發展的鼎盛時期，這段時期人才輩出，作品數量繁多，而且題材多樣、風格各異。

　　有孩子發現，一些唐詩全首只有四句，有些卻有八句，還有的每句有五個字，有的卻每句七個字。是不是詩人想不出太多字來，就少寫一點呢？我們用李白和杜甫的詩來舉例説説。

早發白帝城　李白

朝辭白帝彩雲間，千里江陵一日還。

兩岸猿聲啼不住，輕舟已過萬重山。

　　《早發白帝城》共有四句，每句七字，是一首「七言絕句」。朗讀這首詩看看，第一句的「間」、第二句的「還」，以及第四句的「山」，讀音很相似呢！原來這幾個字的韻母是一樣的，這叫做押韻。「絕句」還有每句五個字的，叫做「五言絕句」。

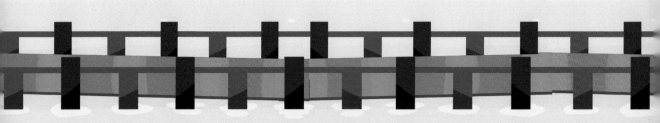

接着看一首杜甫的詩：

春夜喜雨 杜甫

好雨知時節，當春乃發生。隨風潛入夜，潤物細無聲。
野徑雲俱黑，江船火獨明。曉看紅濕處，花重錦官城。

　　《春夜喜雨》每句有五個字，共八句，原來這是一首「五言律詩」，又叫「五律」。再來讀讀這首詩，找找它押韻的地方。第四句的「聲」和第八句的「城」，讀音相近，是押韻的，而且它第二句的「生」也押韻。「律詩」也有每句七個字的，叫做「七言律詩」。

　　本書精選了一百首由漢朝去到清朝的詩歌。孩子可先從字面上理解詩歌的意思，並在反覆吟誦和聆聽之中，體會詩歌優美的韻律和節奏。現在，就讓孩子讀古詩、聽古詩，投入詩歌的世界！

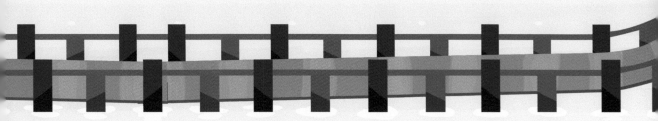

目錄

jiāng nán
江南

hàn yuè fǔ mín gē
漢樂府民歌

jiāng nán kě cǎi lián　　lián yè hé tián tián
江南可採蓮，蓮葉何田田。

yú xì lián yè jiān　　yú xì lián yè dōng
魚戲蓮葉間，魚戲蓮葉東，

yú xì lián yè xī　　yú xì lián yè nán
魚戲蓮葉西，魚戲蓮葉南，

yú xì lián yè běi
魚戲蓮葉北。

 語譯 長江以南一帶到了可以採蓮的季節，荷塘裏的蓮葉又圓又大，一片接着一片，多麼茂密。活潑的魚兒在蓮葉間追逐嬉戲，時而向東，時而向西，時而向南，時而向北，十分快樂。

長歌行 cháng gē xíng

漢樂府民歌 hàn yuè fǔ mín gē

青青園中葵，朝露待日晞。
qīng qīng yuán zhōng kuí　zhāo lù dài rì xī

陽春布德澤，萬物生光輝。
yáng chūn bù dé zé　wàn wù shēng guāng huī

常恐秋節至，焜黃華葉衰。
cháng kǒng qiū jié zhì　kūn huáng huā yè shuāi

百川東到海，何時復西歸。
bǎi chuān dōng dào hǎi　hé shí fù xī guī

少壯不努力，老大徒傷悲！
shào zhuàng bù nǔ lì　lǎo dà tú shāng bēi

語譯 園子裏有青翠嫩綠的向日葵，早上的露水沾在花瓣和葉子上，等待太陽出來把它曬乾。春天溫暖的陽光照射萬物，施予恩澤，萬物展現旺盛的生命力。它們常常害怕秋天到來，因為花葉會枯黃，草木會枯萎。大大小小的河流向東流入大海，什麼時候見到它們向西流回來呢？時間也像流水一樣一去不回頭，年輕時如果不努力，到了年老的時候，一事無成，只是餘下悲傷而已。

③

迢迢牽牛星 《古詩十九首》（其十）

> tiáo tiáo qiān niú xīng

tiáo tiáo qiān niú xīng　　jiǎo jiǎo hé hàn nǚ
迢迢牽牛星，皎皎河漢女。

xiān xiān zhuó sù shǒu　　zhá zhá nòng jī zhù
纖纖擢素手，札札弄機杼。

zhōng rì bù chéng zhāng　　qì tì líng rú xià
終日不成章，泣涕零如下。

hé hàn qīng qiě qiǎn　　xiāng qù fù jǐ xǔ
河漢清且淺，相去復幾許？

yíng yíng yì shuǐ jiān　　mò mò bù dé yǔ
盈盈一水間，脈脈不得語。

語譯 看看那遙遠的牽牛星，皎潔明亮的織女星。織女舉起纖細素白的雙手，在織布機前札札地忙碌着。她因為想念牛郎，織了一整天都織不出什麼東西來，哭得淚如雨下。銀河清澈而水淺，織女和牛郎相隔有多遠呢？他們隔着這條又清又淺的銀河，含情脈脈地對望，卻不能跟對方説話。

14

4

七步詩 qī bù shī （魏 wèi 曹植 cáo zhí）

煮豆持①作羹，漉②豉③以為汁。
zhǔ dòu chí zuò gēng， lù chǐ yǐ wéi zhī

其④在釜下燃，豆在釜中泣。
qí zài fǔ xià rán， dòu zài fǔ zhōng qì

本是同根生，相煎何太急。
běn shì tóng gēn shēng， xiāng jiān hé tài jí

注釋

① 持：拿來。
② 漉：過濾。粵音鹿。
③ 豉：豆類的總稱。粵音示。
④ 其：豆類植物的莖、梗。粵音其。

語譯

把豆子拿來煮成羹湯，要把豆子的渣滓過濾掉，過濾完的水就可以用來煮湯。豆子的莖在鍋底下當木柴燃燒着，豆子就在鍋裏哭泣。豆子和它的莖原本是同一條根長出來的，莖何必急着煎熬豆子呢？

15

歸園田居（其三） （晉）陶潛
guī yuán tián jū　　qí sān　　（jìn）táo qián

種豆南山下，草盛豆苗稀。
zhòng dòu nán shān xià　　cǎo shèng dòu miáo xī

晨興理荒穢①，帶月荷②鋤歸。
chén xīng lǐ huāng huì　　dài yuè hè chú guī

道狹草木長，夕露霑我衣；
dào xiá cǎo mù cháng　　xī lù zhān wǒ yī

衣霑不足惜，但使願無違。
yī zhān bù zú xī　　dàn shǐ yuàn wú wéi

注釋

① 理荒穢：清理田裏的雜草。
② 荷：背着、扛（粵音江）着。

語譯

我在南山下面種豆，可是雜草長得茂盛，豆苗就長得稀疏。早上起來就去豆田裏清理雜草，到月亮出來時，才扛着鋤頭回家。回家的小路狹窄，長着茂密的樹木和花草，晚上的露水沾在樹葉和草上面，我路過這裏的時候，衣服就被露水沾濕了。衣服沾濕了不用覺得可惜，只希望不會違背我歸隱田園的心願。

敕勒歌 chì lè gē

北朝樂府民歌 bèi cháo yuè fǔ mín gē

chì lè chuān　yīn shān xià　tiān sì qióng lú　lǒng gài sì yě
敕勒川，陰山下。天似穹廬，籠蓋四野。

tiān cāng cāng　yě máng máng　fēng chuī cǎo dī xiàn niú yáng
天蒼蒼，野茫茫。風吹草低見牛羊。

語譯 少數民族敕勒族所在的草原，就在二千里遠、連綿起伏的陰山山脈下。站在這個廣闊的草原上，天空就像巨大的蒙古包，覆蓋着草原，籠罩着四周。青色的天空，遼闊無邊的草原，風一吹過，綠草彎腰，便見到草原上的牛羊了。

7

yǒng yíng
詠螢 (唐) 虞世南

dì lì liú guāng xiǎo
的 歷① 流 光 小 ，

piāo yáo ruò chì qīng
飄 颻② 弱 翅 輕 。

kǒng wèi wú rén shí
恐 畏 無 人 識 ，

dú zì àn zhōng míng
獨 自 暗 中 明 。

注釋
① 的歷：明亮、鮮明。
② 飄颻：即飄搖，拍動翅膀飛起來。

語譯
小小的螢火蟲一閃一閃地發出鮮明的亮光，拍動着弱小的翅膀，輕飄飄的身子在空中飛着。牠因為害怕沒有人知道自己存在，所以獨自在黑暗中發出光芒。

yǒng é
詠鵝 （唐）駱賓王
táng luò bīn wáng

é é é   qū xiàng xiàng tiān gē
鵝鵝鵝，曲項向天歌。

bái máo fú lù shuǐ   hóng zhǎng bō qīng bō
白毛浮綠水，紅掌撥清波。

語譯　「鵝！鵝！鵝！」白鵝用牠那又長又彎的脖子，對着天空高歌起來。牠們披着雪白的羽毛，在碧綠色的水面上游來游去，還用紅色的腳掌撥動清澈的水波，一副悠然自得的樣子。

風　fēng

（唐）李嶠 táng lǐ qiáo

解落三秋葉，
jiě luò sān qiū yè

能開二月花。
néng kāi èr yuè huā

過江千尺浪，
guò jiāng qiān chǐ làng

入竹萬竿斜。
rù zhú wàn gān xié

語譯 秋天的風能吹落樹葉，春天的風能吹開花朵。風吹到江面的時候，能掀起千尺巨浪；吹進竹林的時候，能把萬枝竹竿吹得歪斜。

渡漢江 (唐) 宋之問

dù hàn jiāng　　táng sòng zhī wèn

lǐng wài yīn shū duàn
嶺外音書斷，

jīng dōng fù lì chūn
經冬復歷春。

jìn xiāng qíng gèng qiè
近鄉情更怯，

bù gǎn wèn lái rén
不敢問來人。

語譯　我被貶到嶺南地區之後，與家鄉斷了書信往來。就這樣經過了冬天，然後春天來臨了。如今我在回鄉的路上，越接近家鄉，心裏卻越害怕。即使遇到從家鄉來的人，我也不敢問他家鄉的情況。

huí xiāng ǒu shū
回鄉偶書 （唐）賀知章

shào xiǎo lí jiā lǎo dà huí
少小離家老大回，

xiāng yīn wú gǎi bìn máo cuī
鄉音無改鬢毛衰。

ér tóng xiāng jiàn bù xiāng shí
兒童相見不相識，

xiào wèn kè cóng hé chù lái
笑問客從何處來？

語譯 以前離開家鄉的時候還年輕，現在到了回鄉的時候，年紀已經大了。説話時仍帶有鄉音，沒有改變，但是耳邊的鬢毛已經變得疏落。迎面而來的孩童都不認識我，他們還把我當是客人，笑着問我是從哪裏來的？

詠柳 (yǒng liǔ)

(唐) 賀知章 (táng hè zhī zhāng)

碧玉妝成一樹高，萬條垂下綠絲絛①。
(bì yù zhuāng chéng yí shù gāo　wàn tiáo chuí xià lù sī tāo)

不知細葉誰裁出，二月春風似剪刀。
(bù zhī xì yè shéi cái chū　èr yuè chūn fēng sì jiǎn dāo)

注釋　① 絲絛：絲帶。絛，粵音滔。

語譯　高高的柳樹像用碧玉打扮過一樣，一片翠綠，千萬條柳枝向下垂着，柔軟細長，像綠色的絲帶一樣隨風飄動。不知道是誰裁出這些細細的柳葉，原來是二月的春風，像剪刀一樣把它們剪出來，也剪出了美麗的春天景色。

liáng zhōu cí
涼州詞 （唐）王翰

pú táo měi jiǔ yè guāng bēi　　yù yǐn pí pá mǎ shàng cuī
葡萄美酒夜光杯，欲飲琵琶①馬上催。
zuì wò shā chǎng jūn mò xiào　　gǔ lái zhēng zhàn jǐ rén huí
醉臥沙場君莫笑，古來征戰幾人回？

 ① 琵琶：西域傳入的樂器。唐代的軍隊中常用來催促行軍。

 士兵即將出發去打仗，他們拿起白玉製成的夜光杯，裝上用葡萄釀製的美酒，正想喝掉的時候，傳來急促的琵琶聲音，催促士兵馬上出戰，於是他們趕快把手上的美酒喝掉。就算有士兵喝醉了，也請你不要笑他，因為自古以來，出去打仗的士兵有多少人能活着回來呢？

dēng guàn què lóu
登鸛雀樓 （唐）王之渙
táng wáng zhī huàn

bái rì yī shān jìn　　huáng hé rù hǎi liú
白日依山盡，黃河入海流。

yù qióng qiān lǐ mù　　gèng shàng yì céng lóu
欲窮千里目，更上一層樓。

語譯　黃昏的時候登上鸛雀樓，看到太陽挨着遠處的山峯慢慢地落下，黃河的河水滔滔不絕地向着大海奔流。這樣的美景還想再看多一些、遠一些，那就要再登上一層樓了。

涼州詞 (唐) 王之渙
liáng zhōu cí · táng wáng zhī huàn

huáng hé yuǎn shàng bái yún jiān　　yí piàn gū chéng wàn rèn shān
黃河遠上白雲間，一片孤城萬仞山①。

qiāng dí hé xū yuàn yáng liǔ　　chūn fēng bú dù yù mén guān
羌笛②何須怨楊柳③？春風不度玉門關。

注釋

① 萬仞山：萬丈高的山。仞，粵音孕。
② 羌笛：西域傳入的樂器。羌，粵音姜。
③ 楊柳：「柳」與「留」讀音相近，古人常在離別時折下柳枝來送給對方，作為留念，於是「柳」就代表着離別。這裏也指古時一首叫《折楊柳》的歌曲。

語譯

黃河連綿不斷地伸延開去，遠遠地去到天地相接的地方。環顧四周，只有一座孤城和很高很高的山嶺。忽然傳來哀怨的羌笛聲音，為什麼要吹奏那樣哀傷的《折楊柳》呢？這裏可是荒涼的塞外地方，潤澤萬物的春風不會吹過玉門關，來到這個苦寒之地的。

^{sù jiàn dé jiāng} 宿建德江 （唐）孟浩然 ^{táng mèng hào rán}

^{yí zhōu bó yān zhǔ}　　^{rì mù kè chóu xīn}
移舟泊①煙渚②，日暮客愁新。

^{yě kuàng tiān dī shù}　^{jiāng qīng yuè jìn rén}
野曠天低樹，江清月近人。

注釋

① 泊：停泊。粵音薄。
② 煙渚：煙霧籠罩的小沙洲，也就是水中的小塊陸地。渚，粵音主。

語譯

經過建德江的時候，我划動着小船，把船停泊在煙霧籠罩的小沙洲旁邊。這時正值黃昏，我心中又添了幾分憂愁。空曠寬闊的原野上，天空好像特別低，低得與樹木相連接。清澈的江面上有月亮的倒影，好像跟我很接近。

27

17

chūn xiǎo
春曉 （唐）孟浩然

chūn mián bù jué xiǎo
春眠不覺曉，

chù chù wén tí niǎo
處處聞啼鳥。

yè lái fēng yǔ shēng
夜來風雨聲，

huā luò zhī duō shǎo
花落知多少。

語譯 春天的晚上睡得很香，不知不覺已經天亮了，耳邊傳來四處歡唱的鳥兒叫聲。想起昨晚聽到的風聲和雨聲，不知道有多少花兒被打落在地上。

過 故 人 莊 （唐）孟浩然
guò gù rén zhuāng

táng mèng hào rán

故人具雞黍①，邀我至田家。
gù rén jù jī shǔ　　yāo wǒ zhì tián jiā

綠樹村邊合，青山郭外斜。
lù shù cūn biān hé　　qīng shān guō wài xié

開軒面場圃，把酒話桑麻。
kāi xuān miàn chǎng pǔ　　bǎ jiǔ huà sāng má

待到重陽日，還來就菊花。
dài dào chóng yáng rì　　huán lái jiù jú huā

注釋

① 雞黍：雞肉和黃米飯，指農村裏用來招待客人的豐富飯菜。
黍，粵音暑。

語譯

老朋友準備了豐富的飯菜，邀請我到他家吃飯。這村子有綠樹圍繞，圍牆外面斜斜地出現了青山的樣子。推開窗戶，面對着菜園和打穀場，我們舉起酒杯，談論農作物的情況。朋友還說，等到重陽節那天，邀請我回來觀賞菊花呢！

29

鹿柴① (lù zhài)

（唐）王維 (táng wáng wéi)

空山不見人，但聞人語響。
(kōng shān bú jiàn rén　dàn wén rén yǔ xiǎng)

返景②入深林，復照青苔上。
(fǎn yǐng rù shēn lín　fù zhào qīng tái shàng)

注釋

① 鹿柴：王維晚年時隱居在藍田縣輞川的別墅裏，「鹿柴」就是這裏的一座建築物。柴，粵音寨。
② 返景：落日的反照。景，通「影」，粵音影。

語譯

空曠的山谷裏，一個人都見不到，但能聽到遠處傳來有人説話的聲音。夕陽下山了，落日的光線穿過茂密的樹林，反照到樹林深處，再照射到青苔上。

zhú lǐ guǎn
竹里館 （唐）王維

dú zuò yōu huáng lǐ
獨坐幽篁裏，

tán qín fù cháng xiào
彈琴復長嘯。

shēn lín rén bù zhī
深林人不知，

míng yuè lái xiāng zhào
明月來相照。

語譯 獨自坐在幽靜的竹林裏面，彈着琴，又仰頭向天，吹出清脆的口哨聲，很有興致。在這個幽深的竹林裏面，沒有人知道我在這裏，我也找不到知音，不過有明月來陪伴我，還把月光照到我身上。

31

niǎo míng jiàn
鳥鳴澗 （唐）王維 táng wáng wéi

rén xián guì huā luò
人閒桂花落，

yè jìng chūn shān kōng
夜靜春山空。

yuè chū jīng shān niǎo
月出驚山鳥，

shí míng chūn jiàn zhōng
時鳴春澗中。

 語譯 這裏沒有人在活動，也沒有人事的煩擾，四周安靜、悠閒，人的心也閒靜下來，靜得能聽見桂花飄落的聲音。春天的山頭在晚上倍加安靜，顯得這裏更空曠了。月亮無聲地出來了，卻驚動了山裏的鳥兒。鳥兒不時鳴叫着，飛過春天山林裏的流水，為夜裏的空山帶來了生氣。

xiāng sī
相思 （唐）王維
táng wáng wéi

hóng dòu shēng nán guó
紅 豆 生 南 國，

chūn lái fā jǐ zhī
春 來 發 幾 枝？

yuàn jūn duō cǎi xié
願 君 多 採 擷，

cǐ wù zuì xiāng sī
此 物 最 相 思。

 語譯 紅豆樹在南方生長，今年春天它又長出了多少新的枝葉呢？希望你能採摘多一些，因為它最能寄託相思之情。

33

送元二① 使安西② （唐）王維

sòng yuán èr shǐ ān xī · táng wáng wéi

渭城朝雨浥③輕塵，客舍青青柳色新。

wèi chéng zhāo yǔ yì qīng chén　kè shè qīng qīng liǔ sè xīn

勸君更盡一杯酒，西出陽關無故人。

quàn jūn gèng jìn yì bēi jiǔ　xī chū yáng guān wú gù rén

注釋
① 元二：人名，王維的朋友。
② 使安西：使，出使，粵音試。朋友元二要到安西出使，於是王維在渭城送別友人。
③ 浥：潤濕。粵音泣。

語譯
渭城早上的雨水潤濕了地上的塵埃，不再塵土飛揚。朋友元二寄宿的旅舍旁邊種了柳樹，這柳樹經過雨水洗刷，顯得更新、更翠綠了，映得那旅舍也一片青色。臨別在即，我勸你（元二）再多喝一杯酒，因為出了陽關，向西遠去，就見不到老朋友了。

jiǔ yuè jiǔ rì yì shān dōng xiōng dì
九月九日憶山東兄弟

táng wáng wéi
（唐）王維

dú zài yì xiāng wéi yì kè
獨在異鄉為異客，

měi féng jiā jié bèi sī qīn
每逢佳節倍思親。

yáo zhī xiōng dì dēng gāo chù
遙知兄弟登高處，

biàn chā zhū yú shǎo yì rén
遍插茱萸少一人。

語譯 我離開了故鄉，獨自一人在外地作客，每到佳節就更加思念家鄉的親人。在農曆九月九日重陽節的時候，我知道遠方家鄉的兄弟都跟從習俗去了登高，他們為對方插戴茱萸，這時發現少了我一個人，因而感到悲傷。

shān zhōng sòng bié
山中送別 （唐）王維

shān zhōng xiāng sòng bà
山中相送罷，

rì mù yǎn chái fēi
日暮掩柴扉①。

chūn cǎo míng nián lǜ
春草明年綠，

wáng sūn guī bù guī
王孫②歸不歸？

注釋

① 柴扉：柴門。扉，粵音非。
② 王孫：古時貴族子弟的通稱，這裏借指王維的朋友。

語譯

在山中送別了遠道前來探望我的朋友，時值黃昏，我關上柴門，回到屋裏。這時，一股愁緒湧上心頭，今年春天與朋友見面後又分開了，到明年春天綠草再現的時候，朋友還來不來呢？我們還能不能見面呢？

36

畫 （唐）王維

遠看山有色，
近聽水無聲。
春去花還在，
人來鳥不驚。

語譯 站在遠處看，那山峯的顏色仍然清晰可見；走到近處聽，卻聽不見流水的聲音。春天過去了，那盛開的花朵還在那裏；人走過來了，雀鳥卻不會受驚飛走。

27

雜詩 zá shī （唐）王維 táng wáng wéi

君自故鄉來，
jūn zì gù xiāng lái

應知故鄉事。
yīng zhī gù xiāng shì

來日綺窗前，
lái rì qǐ chuāng qián

寒梅着花未？
hán méi zhuó huā wèi

 語譯 您是從我故鄉過來這裏的，應該知道我故鄉
的事情。請問您動身前來這裏的那一天，我
家窗前的梅花開花了嗎？

chū sài
出塞 （唐）王昌齡
táng wáng chāng líng

qín shí míng yuè hàn shí guān　wàn lǐ cháng zhēng rén wèi huán
秦時明月漢時關，萬里長征人未還。

dàn shǐ lóng chéng fēi jiàng zài　bù jiāo hú mǎ dù yīn shān
但使龍城飛將在，不教胡馬度陰山。

語譯 那皎潔的月亮仍是秦漢時候的月亮，那抵擋外族入侵的邊境關口仍是秦漢時候的邊境關口，到現在都沒有改變。很多士兵被派到萬里之外的邊關駐守，有些戰死沙場，有些還在駐守，至今還沒有回來。如果漢朝著名的飛將軍李廣還在的話，就不會讓外族的兵馬渡過陰山，南下侵擾我們的國土。

芙蓉樓送辛漸 （唐）王昌齡
fú róng lóu sòng xīn jiàn *táng wáng chāng líng*

寒雨連江夜入吳，平明①送客楚山孤。
hán yǔ lián jiāng yè rù wú　píng míng sòng kè chǔ shān gū

洛陽親友如相問，一片冰心在玉壺②。
luò yáng qīn yǒu rú xiāng wèn　yí piàn bīng xīn zài yù hú

注釋

① 平明：清晨。
② 一片冰心在玉壺：像冰一樣晶瑩剔透的心，放在玉壺裏面，
　　比喻人的品行高尚、清廉正直。

語譯

昨夜，帶着寒意的雨水落到江面上，迷濛的雨霧籠罩着長江
下游一帶。清晨時分，我為你（辛漸，王昌齡的同鄉）送行，
看着四周的山，心裏更加孤獨。如果在洛陽的親友問起我，
請告訴他們，我那好像冰一樣晶瑩剔透的心，放在玉壺裏面，
不會因為被貶而改變我的操守和心志。

40

靜夜思
jìng yè sī

（唐）李白
táng lǐ bái

牀 前 明 月 光，
chuáng qián míng yuè guāng

疑 是 地 上 霜。
yí shì dì shàng shuāng

舉 頭 望 明 月，
jǔ tóu wàng míng yuè

低 頭 思 故 鄉。
dī tóu sī gù xiāng

語譯 夜深人靜的時候，一縷明亮的月光照到牀前，以為是地上結了銀白色的霜。抬頭望見明亮潔白的月亮，想到故鄉就在同一個月亮之下，不禁低下頭，思念起故鄉來。

秋浦歌 qiū pǔ gē （唐 táng）李白 lǐ bái

白髮三千丈，
bái fà sān qiān zhàng

緣①愁似箇②長。
yuán chóu sì gè cháng

不知明鏡裏，
bù zhī míng jìng lǐ

何處得秋霜。
hé chù dé qiū shuāng

注釋

① 緣：因為。
② 箇：如此、這樣。粵音個。

語譯

照鏡子的時候，驚覺頭上的白髮竟長三千丈，都是因為整天發愁才這樣長的。在明亮的鏡子裏，那滿頭白髮像秋天的霜雪那樣白，真不知道這頭白髮是從哪裏得來的。

dú zuò jìng tíng shān
獨坐敬亭山
（唐）李白
táng lǐ bái

zhòng niǎo gāo fēi jìn
眾鳥高飛盡，

gū yún dú qù xián
孤雲獨去閒。

xiāng kàn liǎng bú yàn
相看兩不厭，

zhǐ yǒu jìng tíng shān
只有敬亭山。

語譯 獨自坐在敬亭山上，看着天上的鳥兒向高處飛去，在天邊消失了蹤影，連天上那一片孤零零的白雲也飄走了，四周靜悄悄的。這兒只剩下我和敬亭山在對望，我看着敬亭山，敬亭山也看着我，看多久都不覺得討厭。

43

33

yè sù shān sì
夜宿山寺 （唐）李白

wēi lóu gāo bǎi chǐ
危樓高百尺，

shǒu kě zhāi xīng chén
手可摘星辰。

bù gǎn gāo shēng yǔ
不敢高聲語，

kǒng jīng tiān shàng rén
恐驚天上人。

 語譯　山上寺院的高樓非常高，顯得很危險，不過站在這樣的高樓上，彷彿一伸手就可以摘到星星。想到這裏，我不敢大聲說話了，恐怕驚動了天上的神仙。

wàng lú shān pù bù
望廬山瀑布 （唐）李白

rì zhào xiāng lú shēng zǐ yān
日 照 香 爐 生 紫 煙，

yáo kàn pù bù guà qián chuān
遙 看 瀑 布 掛 前 川 。

fēi liú zhí xià sān qiān chǐ
飛 流 直 下 三 千 尺，

yí shì yín hé luò jiǔ tiān
疑 是 銀 河 落 九 天 。

語譯 陽光照射在廬山的香爐峯上，山間有霧氣環繞，看起來像紫色的煙霧。來到香爐峯下，遠看對面山的瀑布，由於山勢陡峭，那瀑布就像又長又直的布匹，懸掛在山腳的河流上面。瀑布的水流很急，三千尺長的瀑布由高處向下直衝，彷彿是銀河從天上落下來了。

45

gǔ lǎng yuè xíng　　jié xuǎn
古 朗 月 行 （節 選） (唐) 李白

xiǎo shí bù shí yuè
小 時 不 識 月 ，

hū zuò bái yù pán
呼 作 白 玉 盤 。

yòu yí yáo tái jìng
又 疑 瑤 台 鏡 ，

fēi zài qīng yún duān
飛 在 青 雲 端 。

語譯　小時候不認識月亮，看它像白玉做的盤子一樣，又圓又亮，就叫它做「白玉盤」。又懷疑它是住在瑤台上的神仙所用的鏡子，飛到了天上，還掛在雲朵上。

zèng wāng lún
贈汪倫 （唐）李白

lǐ bái chéng zhōu jiāng yù xíng
李白乘舟將欲行，

hū wén àn shàng tà gē shēng
忽聞岸上踏歌聲。

táo huā tán shuǐ shēn qiān chǐ
桃花潭水深千尺，

bù jí wāng lún sòng wǒ qíng
不及汪倫送我情。

語譯 我（李白）遊覽完桃花潭，乘船將要離開，忽然聽到岸上傳來喧鬧聲，原來是好朋友汪倫帶着村民手牽手、腳踏地，用歌聲和舞蹈來歡送我。雖然桃花潭的水有千尺深，但都及不上汪倫對我的情誼那麼深。

wàng tiān mén shān
望天門山 （唐）李白

tiān mén zhōng duàn chǔ jiāng kāi
天門中斷楚江開，

bì shuǐ dōng liú zhì cǐ huí
碧水東流至此回。

liǎng àn qīng shān xiāng duì chū
兩岸青山相對出，

gū fān yí piàn rì biān lái
孤帆一片日邊來。

語譯 長江流到以前楚國一帶的時候，洶湧的江水像把天門山從中間切開了，江水從兩岸的山峽間穿過去。受到這裏的地形限制，原本向東流的江水，到了這裏就改為向北流。兩岸的東梁山和西梁山對峙而立，從船上看，兩座山越來越突出，我乘着這條孤獨的小船，從太陽升起的地方駛過來了。

黃鶴樓送孟浩然之廣陵
huáng hè lóu sòng mèng hào rán zhī guǎng líng

（唐）李白
táng lǐ bái

故人西辭黃鶴樓，
gù rén xī cí huáng hè lóu

煙花三月下揚州。
yān huā sān yuè xià yáng zhōu

孤帆遠影碧空盡，
gū fān yuǎn yǐng bì kōng jìn

唯見長江天際流。
wéi jiàn cháng jiāng tiān jì liú

語譯 我在黃鶴樓送別好朋友孟浩然，他要離開這裏，在這個繁花盛放的春天，乘船下去東面的揚州。他獨自乘坐的那一條小船越行越遠，漸漸消失在淺藍色的天邊盡頭，我眼前只看見滾滾的長江水不斷流向天邊。

39

^{dēng jīn líng fèng huáng tái}
登金陵鳳凰台 ^{táng}（唐）李白

^{fèng huáng tái shàng fèng huáng yóu} ^{fèng qù tái kōng jiāng zì liú}
鳳凰台上鳳凰遊， 鳳去台空江自流。

^{wú gōng huā cǎo mái yōu jìng} ^{jìn dài yī guān chéng gǔ qiū}
吳宮花草埋幽徑， 晉代衣冠成古丘。

^{sān shān bàn luò qīng tiān wài} ^{èr shuǐ zhōng fēn bái lù zhōu}
三山半落青天外， 二水中分白鷺洲。

^{zǒng wèi fú yún néng bì rì} ^{cháng ān bú jiàn shǐ rén chóu}
總為浮雲能蔽日， 長安不見使人愁。

語譯 在金陵鳳凰台上，傳說有鳳凰來過這裏。鳳凰離開後，鳳凰台變空了，但長江水仍舊向東流。三國時期的吳國曾在金陵建築宮殿，現時那裏的雜草已經遮蓋了舊時的小路。東晉也曾以金陵為首都，那時的名門望族，現在都只剩下一堆古墓、荒蕪的山丘了。遠處的三山只露出半個山頭，看不太清楚，秦淮河受到白鷺洲阻擋，分成兩道水流。那些浮雲遮蓋了日光，如今我登上高處，見不到長安城，更見不到君主，心裏十分憂愁。

早發白帝城 （唐）李白
zǎo fā bái dì chéng　（táng）lǐ bái

朝辭白帝彩雲間，
zhāo cí bái dì cǎi yún jiān

千里江陵一日還。
qiān lǐ jiāng líng yí rì huán

兩岸猿聲啼不住，
liǎng àn yuán shēng tí bú zhù

輕舟已過萬重山。
qīng zhōu yǐ guò wàn chóng shān

語譯 早上告別了像是有五彩雲霧包圍着的白帝城，順着急促的水流，乘船而下，一天的時間就可以到達千里遠的江陵。乘船經過長江三峽時，兩岸的猿猴叫個不停，耳邊迴蕩着凄厲的猿猴叫聲，但是輕快的小船已經駛過了很多座山了。

51

別董大^① （唐）高適

bié dǒng dà

táng gāo shì

qiān lǐ huáng yún bái rì xūn
千里黃雲^②白日曛^③，

běi fēng chuī yàn xuě fēn fēn
北風吹雁雪紛紛。

mò chóu qián lù wú zhī jǐ
莫愁前路無知己，

tiān xià shéi rén bù shí jūn
天下誰人不識君！

注釋

① 董大：高適的朋友，唐代著名琴師董庭蘭。
② 黃雲：烏雲。
③ 曛：昏暗。粵音分。

語譯

黃昏時分，黯淡的落日把烏雲照得暗黃，北風吹得雪花紛飛，大雁都要飛去南方避寒。不要擔心前面的道路沒有朋友，天下間還有誰不認識你呢？

quàn xué
勸學 （唐）顏真卿 táng yán zhēn qīng

sān gēng dēng huǒ wǔ gēng jī
三更①燈火五更②雞，

zhèng shì nán ér dú shū shí
正是男兒讀書時。

hēi fà bù zhī qín xué zǎo
黑髮不知勤學早，

bái shǒu fāng huǐ dú shū chí
白首方悔讀書遲。

注釋

① 三更：指晚上十一時至凌晨一時，即半夜。更，粵音耕。
② 五更：凌晨三時至五時，天快亮的時候。

語譯

每晚三更半夜起來點燈，去到五更雞鳴為止，這正是男孩子讀書的最佳時間。滿頭黑髮的年輕人不知道要把握時間勤力讀書，到了滿頭白髮、變成老人時，才來後悔太遲讀書。

53

jiāng pàn dú bù xún huā （qí wǔ）
江畔獨步尋花（其五） （唐）杜甫

huáng shī tǎ qián jiāng shuǐ dōng
黃師塔前江水東，

chūn guāng lǎn kùn yǐ wēi fēng
春光懶困倚微風。

táo huā yí cù kāi wú zhǔ
桃花一簇開無主，

kě ài shēn hóng ài qiǎn hóng
可愛深紅愛淺紅。

 語譯　黃師塔前的錦江江水向東流去，春天和暖的微風吹得人懶洋洋的，使人在這美好的春色裏昏昏欲睡。一簇沒有主人的桃花正在盛開，我應該愛深紅色的桃花，還是愛那淺紅色的桃花好呢？

江畔獨步尋花（其六）
jiāng pàn dú bù xún huā　qí liù

（唐）杜甫
táng dù fǔ

黃四娘家花滿蹊，
huáng sì niáng jiā huā mǎn xī

千朵萬朵壓枝低。
qiān duǒ wàn duǒ yā zhī dī

留連戲蝶時時舞，
liú lián xì dié shí shí wǔ

自在嬌鶯恰恰啼。
zì zài jiāo yīng qià qià tí

語譯 鄰居黃四娘家的小路開滿了花，成千上萬的花朵沉甸甸的，把樹枝都壓彎了。蝴蝶在花間流連飛舞，捨不得離去，還有活潑可愛的黃鶯，自由自在地唱着歡快動聽的歌曲。

絕句 （唐）杜甫
jué jù　（táng）dù fǔ

兩個黃鸝鳴翠柳，
liǎng gè huáng lí míng cuì liǔ

一行白鷺上青天。
yì háng bái lù shàng qīng tiān

窗含西嶺千秋雪，
chuāng hán xī lǐng qiān qiū xuě

門泊東吳萬里船。
mén bó dōng wú wàn lǐ chuán

語譯 兩隻黃鸝（粵音離，也叫黃鶯）在翠綠的柳樹上快樂地鳴叫，一行白鷺整齊地飛上蔚藍的天空。從窗戶遠望，西邊的岷（粵音民）山山頭終年積着白雪，附近的錦江上則停泊着來自萬里之外、江蘇一帶的船隻。

客至 kè zhì
（唐）杜甫 táng dù fǔ

舍南舍北皆春水，但見羣鷗日日來。
shè nán shè běi jiē chūn shuǐ　dàn jiàn qún ōu rì rì lái

花徑不曾緣客掃，蓬門今始為君開。
huā jìng bù céng yuán kè sǎo　péng mén jīn shǐ wèi jūn kāi

盤飧市遠無兼味，樽酒家貧只舊醅。
pán sūn shì yuǎn wú jiān wèi　zūn jiǔ jiā pín zhǐ jiù pēi

肯與鄰翁相對飲，隔籬呼取盡餘杯。
kěn yǔ lín wēng xiāng duì yǐn　gé lí hū qǔ jìn yú bēi

語譯

我住的草堂，南面和北面都有河流經過，春天的時候，河流漲滿了水。平時我很少跟人來往，只有鷗羣不嫌棄我，每日都飛來這裏。長滿花草的庭院小路沒有因為要迎接客人而打掃過，如今我那簡陋的房門，是因為朋友你的到來，才第一次打開。我家離集市很遠，家裏也沒有什麼好菜，家境貧窮，抱歉只能拿出陳年濁酒來招呼客人。如果你肯與鄰居老翁舉杯對飲的話，我就隔着籬笆呼喚他過來，一起喝酒。

春夜喜雨 (唐) 杜甫
(chūn yè xǐ yǔ) (táng dù fǔ)

好雨知時節，當春乃發生。
hǎo yǔ zhī shí jié　　dāng chūn nǎi fā shēng

隨風潛入夜，潤物細無聲。
suí fēng qián rù yè　　rùn wù xì wú shēng

野徑雲俱黑，江船火獨明。
yě jìng yún jù hēi　　jiāng chuán huǒ dú míng

曉看紅濕處，花重錦官城。
xiǎo kàn hóng shī chù　　huā zhòng jǐn guān chéng

語譯 雨水好像知道時節似的，春天來臨，萬物復甦，植物發芽生長，正需要雨水的時候，它就來了。雨水隨着春風在夜晚悄悄地來到，無聲地滋潤着萬物。田野間的小路和天上的烏雲都是黑漆漆的，只有江上船隻的燈火獨自發出亮光。等到天亮的時候去看沾滿雨水的花朵，想必整個錦官城都有繁花盛放，美景處處，而花朵都因為飽含雨水而顯得沉重。

jué jù èr shǒu　qí yī
絕句二首（其一）

táng dù fǔ
（唐）杜甫

chí rì jiāng shān lì
遲日江山麗，

chūn fēng huā cǎo xiāng
春風花草香。

ní róng fēi yàn zǐ
泥融飛燕子，

shā nuǎn shuì yuān yāng
沙暖睡鴛鴦。

語譯 春天來了，白天漸漸變長，和暖的陽光灑在秀麗的山河之上。春風吹過，送來陣陣花草的芬芳香味。泥土變得濕潤，燕子飛來飛去，忙着銜泥築巢。暖和的沙灘上，鴛鴦成雙成對地睡着了。

49

jué jù èr shǒu qí èr

絕句二首（其二）

táng dù fǔ
（唐）杜甫

jiāng bì niǎo yú bái
江碧鳥逾白，

shān qīng huā yù rán
山青花欲燃。

jīn chūn kàn yòu guò
今春看又過，

hé rì shì guī nián
何日是歸年？

 語譯　碧綠的江水顯得鳥兒的羽毛更加潔白，青翠的山峯映襯着紅得像要燃燒起來的花朵。今年春天眼看又要過去了，不知什麼時候是我回家的日子呢？

月夜　（唐）杜甫

今夜鄜州①月，閨中只獨看。

遙憐小兒女，未解憶長安。

香霧雲鬟②濕，清輝玉臂寒。

何時倚虛幌，雙照淚痕乾。

注釋

① 鄜州：即今陝西富縣。杜甫當時身處長安，而他的家人就在鄜州的羌村，分隔兩地。鄜，粵音夫。

② 雲鬟：古時婦女的環狀髮飾。這裏指杜甫妻子的頭髮，是杜甫想像出來的情景。鬟，粵音環。

語譯

今晚鄜州的天空有一輪明月，家中應該只有妻子在觀看。如今我與家人相隔很遠，可憐我那身在遠方的年幼孩子，還不懂得掛念身處長安的我。妻子在夜裏站了許久，霧氣沾濕了她的頭髮，清寒的月光照得她的手臂有點寒冷。什麼時候我和妻子才能重聚，讓月光照着窗下的我倆，把眼淚擦乾。

51

féng rù jīng shǐ
逢入京使① （唐）岑參

gù yuán dōng wàng lù màn màn　　shuāng xiù lóng zhōng　lèi bù gān
故園東望路漫漫，雙袖龍鍾②淚不乾。

mǎ shàng xiāng féng wú zhǐ bǐ　　píng jūn chuán yǔ bào píng ān
馬上相逢無紙筆，憑君傳語報平安。

注釋

① 逢入京使：岑參在遠去邊塞的路上，遇到從邊塞過來、正要入京城的使者。使，粵音試。

② 龍鍾：流淚的樣子。

語譯

向東面望過去，通往故鄉和家園的道路又遠又長，思鄉的淚水流得滿臉都是，沾濕了一雙衣袖，也止不住流淚。我和使者相遇時都騎着馬，一時間沒有紙和筆，不便寫信，只得託使者您帶個口信，替我向家人報平安。

楓橋夜泊 fēng qiáo yè bó （唐）張繼 táng zhāng jì

月落烏啼霜滿天，江楓漁火對愁眠。
yuè luò wū tí shuāng mǎn tiān　jiāng fēng yú huǒ duì chóu mián

姑蘇城外寒山寺，夜半鐘聲到客船。
gū sū chéng wài hán shān sì　yè bàn zhōng shēng dào kè chuán

語譯 大半夜裏，月亮快要落下，漁船上的鸕鷀（粵音勞池）鳥因忙着捉魚而鳴叫，寒霜滿天，四周白濛濛的。江邊的楓樹和漁船上的燈火互相交織，陪伴着因憂愁而睡不着的我。姑蘇城外面有一座寒山寺，半夜敲鐘的聲音傳到我乘坐的這條客船來了。

jiāng cūn jí shì
江村即事 （唐）司空曙
táng sī kōng shǔ

diào bà guī lái bú jì chuán
釣罷歸來不繫船，

jiāng cūn yuè luò zhèng kān mián
江村月落正堪眠。

zòng rán yí yè fēng chuī qù
縱然一夜風吹去，

zhǐ zài lú huā qiǎn shuǐ biān
只在蘆花淺水邊。

語譯　釣完魚後回到江村，連船也懶得繫好。這時的江村已經夜深，月亮都落下去了，正好睡覺。船有沒有繫好都不要緊，即使颳了一晚的風，小船都只是吹到長滿蘆花的淺水邊而已，不會有什麼危險。

遊子吟 （唐）孟郊
yóu zǐ yín　　　　táng　mèng jiāo

cí mǔ shǒu zhōng xiàn　　yóu zǐ shēn shàng yī
慈母手中線，遊子身上衣。

lín xíng mì mì féng　　yì kǒng chí chí guī
臨行密密縫，意恐遲遲歸。

shéi yán cùn cǎo xīn　　bào dé sān chūn huī
誰言寸草心，報得三春暉。

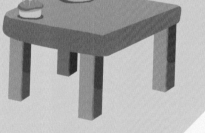

語譯 慈母手上拿着針線，為將要遠行的孩子縫製衣服。孩子臨行前，母親還在一針針密密地縫製，盡力為孩子多做一點事，只怕孩子到了外面之後，遲遲未回家。母愛就像春天溫暖的陽光，而孩子就像沐浴在陽光之中的小草，做子女的如何報答母親的養育之恩呢？

十五夜①望月 （唐）王建

中庭地白樹棲鴉，冷露無聲濕桂花②。

今夜月明人盡望，不知秋思落誰家。

注釋

① 十五夜：這裏指農曆八月十五日，即中秋節晚上。
② 桂花：庭院中的桂花樹，也指月亮上的桂樹。傳説吳剛被
玉帝懲罰，到月亮砍伐桂樹，但那棵桂樹會不斷長
出來，於是吳剛不斷地砍樹。

語譯

月光照射到庭院中，地上好像鋪了一層潔白的霜雪，原本吵
鬧的烏鴉在寂靜的月夜裏也安靜下來，在樹上棲息。清冷的
露水無聲地沾濕了庭院中的桂花。今晚，人們都在看那明亮
的月光，不知那秋天思親的愁緒會落到誰家？

xiǎo sōng
小松 （唐）王建
táng wáng jiàn

xiǎo sōng chū shù chǐ
小松初數尺，

wèi yǒu zhí shēng zhī
未有直生枝。

xián jí bàng biān lì
閒即傍邊立，

kàn duō zhǎng què chí
看多長卻遲。

語譯 小小的松樹初生長時只有數尺高，還沒有伸出枝條來。我有空的時候就站在一旁觀察它，看得多了，就覺得它長得太緩慢了。

wū yī xiàng
烏衣巷 （唐）劉禹錫
táng liú yǔ xī

zhū què qiáo biān yě cǎo huā
朱雀橋邊野草花，

wū yī xiàng kǒu xī yáng xié
烏衣巷口夕陽斜。

jiù shí wáng xiè táng qián yàn
舊時王謝堂前燕，

fēi rù xún cháng bǎi xìng jiā
飛入尋常百姓家。

語譯 秦淮河上的朱雀橋在六朝時曾經是繁忙、熱鬧的主要通道，現時只生長着野花野草。烏衣巷曾經住了很多名門望族，很有氣派，現時只剩下夕陽斜照，沒有生氣。以前生活在東晉王導、謝安兩大家族房子裏的燕子，現時卻飛進了平民百姓的家裏。

58

寒食① hán shí

（唐）韓翃② táng / hán hóng

chūn chéng wú chù bù fēi huā　　hán shí dōng fēng yù liǔ xié
春城無處不飛花，寒食東風禦柳斜。

rì mù hàn gōng chuán là zhú　　qīng yān sàn rù wǔ hóu jiā
日暮漢宮③傳蠟燭，輕煙散入五侯④家。

注釋

① 寒食：寒食節，在清明節前一兩日，起源於春秋時期。寒食節期間，人們不能生火，只能吃冷掉的食物，所以叫「寒食」。

② 翃：粵音宏。

③ 漢宮：漢朝宮殿，這裏借指唐朝宮殿。

④ 五侯：漢成帝時，王皇后的五個兄弟都獲封侯，故稱「五侯」。這裏指受到皇帝恩寵的大臣、貴族等。

語譯

春天的長安城裏面，到處都有柳絮和花瓣飄飛，寒食節到了，東風把皇宮御花園裏的柳枝吹得斜斜的。黃昏時分，平民百姓遵照寒食節的習俗不能生火，但是在皇宮裏卻傳出蠟燭的火種，分散到權貴、重臣的家裏，一路上有輕煙飄揚。

fù dé gǔ yuán cǎo sòng bié
賦得古原草送別 (唐) 白居易

lí lí yuán shàng cǎo　　yí suì yì kū róng
離離原上草，一歲一枯榮。

yě huǒ shāo bú jìn　　chūn fēng chuī yòu shēng
野火燒不盡，春風吹又生。

yuǎn fāng qīn gǔ dào　　qíng cuì jiē huāng chéng
遠芳侵古道，晴翠接荒城。

yòu sòng wáng sūn qù　　qī qī mǎn bié qíng
又送王孫去，萋萋滿別情。

語譯 在古老的草原上，野草長得很茂密，它們每一年都會經歷枯萎、發芽生長，有一定的生長規律。即使發生火災，都不能把它們完全燒掉，到了春天，春風一吹，它們又生長出來了。伸延到遠處的野花野草遮蓋了古老的道路，在陽光照射下，翠綠的青草連接着荒僻的城鎮。我在這裏送別了朋友，望着眼前茂密的草原，每一棵草、每一片葉子，都好像充滿了離別的愁緒。

60

池上 （唐）白居易
chí shàng

xiǎo wá chēng xiǎo tǐng
小娃撐小艇，

tōu cǎi bái lián huí
偷採白蓮回。

bù jiě cáng zōng jì
不解藏蹤跡，

fú píng yí dào kāi
浮萍一道開。

 一個小孩撐着一條小船，偷偷地去採摘白色的蓮花，然後趕緊划回去。他不知道怎樣可以隱藏自己偷摘蓮花的蹤跡，因為水面的浮萍在小船駛過時，往兩邊推開，明顯地留下了小船划過的痕跡。

71

暮江吟 (mù jiāng yín) （唐）白居易 (táng bái jū yì)

一道殘陽鋪水中，半江瑟瑟①半江紅。
yí dào cán yáng pū shuǐ zhōng，bàn jiāng sè sè bàn jiāng hóng

可憐②九月初三夜，露似真珠月似弓。
kě lián jiǔ yuè chū sān yè，lù sì zhēn zhū yuè sì gōng

注釋

① 瑟瑟：青綠色的美玉。這裏指碧玉那樣的顏色。
② 可憐：可愛。

語譯

傍晚時分，一道夕陽殘餘的光線在江面鋪展開來，半邊江水像碧玉般呈青綠色，另一半的江水因夕陽照射而呈紅色。在這可愛的九月初三的晚上，露水凝結，像一顆顆晶瑩剔透的珍珠，剛剛升上天空的新月彎得像一張弓。

mǐn nóng　　qí èr
憫農（其二）

táng　lǐ shēn
（唐）李紳

chú hé rì dāng wǔ
鋤禾日當午，

hàn dī hé xià tǔ
汗滴禾下土。

shéi zhī pán zhōng sūn
誰知盤中飧①，

lì lì jiē xīn kǔ
粒粒皆辛苦？

注釋　① 飧：煮熟的飯菜。這裏指米飯。粵音孫。

語譯　正午時分，烈日高照，農民在田裏揮動着鋤頭，為禾苗鋤草、翻土，汗水不斷滴落到種植禾苗的泥土上。有誰知道，碗裏煮好的米飯，每一粒米都是農民辛苦勞動的成果？

73

63

題都城南莊 tí dū chéng nán zhuāng

（唐）崔護 táng cuī hù

去年今日此門中，
qù nián jīn rì cǐ mén zhōng

人面桃花相映紅。
rén miàn táo huā xiāng yìng hóng

人面不知何處去，
rén miàn bù zhī hé chù qù

桃花依舊笑春風。
táo huā yī jiù xiào chūn fēng

語譯 去年的今日，在首都長安南莊，有個美麗的姑娘站在這戶人家的門口，她可愛的臉和盛開的桃花互相映照，顯得更加紅了。一年後的今日，那姑娘不知道去了哪裏，只有桃花照樣盛放，像是笑着迎接春風。

jiāng xuě
江雪 （táng）柳宗元 liǔ zōng yuán

qiān shān niǎo fēi jué
千 山 鳥 飛 絕，

wàn jìng rén zōng miè
萬 徑 人 蹤 滅。

gū zhōu suō lì wēng
孤 舟 蓑 笠 翁，

dú diào hán jiāng xuě
獨 釣 寒 江 雪。

語譯 羣山之中看不到鳥兒飛過的影子，很多條路上都沒有人走過的蹤跡。在這個下着大雪的日子裏，江上只有一條小船，船上有一個頭戴斗笠、披着蓑（粵音梳）衣的老翁，獨自在這寒冷的江面上冒雪釣魚。

75

65

xún yǐn zhě bú yù
尋隱者不遇 _{（唐）賈島}

sōng xià wèn tóng zǐ
松下問童子，

yán shī cǎi yào qù
言師採藥去。

zhǐ zài cǐ shān zhōng
只在此山中，

yún shēn bù zhī chù
雲深不知處。

 我想找一個隱居在山林中的人，可是沒遇上。我詢問一個在松樹下的小孩，他說師傅上山採藥去了。只是知道要找的人就在這座山裏面，但是山上雲霧籠罩，不知道他到底在哪裏。

小兒垂釣 xiǎo ér chuí diào （唐）táng 胡令能 hú lìng néng

蓬頭稚子學垂綸① péng tóu zhì zǐ xué chuí lún，側坐莓苔②草映身 cè zuò méi tái cǎo yìng shēn。

路人借問遙招手 lù rén jiè wèn yáo zhāo shǒu，怕得魚驚不應人 pà dé yú jīng bú yìng rén。

注釋

① 垂綸：釣魚。
② 莓苔：莓，一種野草。長了青苔、野草的地方。

語譯

一個頭髮蓬鬆的可愛小孩正在學釣魚，側着身子，隨意地坐在長了青苔和野草的地方，野草的顏色映照到他身上。有個路人向小孩問路，小孩遠遠地擺擺手，生怕驚動了魚兒，所以不回應問路的人。

67

shān xíng
山行 （唐）杜牧

yuǎn shàng hán shān shí jìng xié
遠上寒山石徑斜，

bái yún shēng chù yǒu rén jiā
白雲生處有人家。

tíng chē zuò ài fēng lín wǎn
停車坐愛楓林晚，

shuāng yè hóng yú èr yuè huā
霜葉紅於二月花。

語譯 深秋時分，我坐着車子，沿着石徑迂迴曲折地上山。這條石徑彎彎曲曲地通向山的深處，順着小路向上望，在白雲繚繞的山頂隱約見到幾戶人家。因為我很喜愛這個楓林傍晚時分的美景，忍不住要停下車來觀賞。楓葉經歷過霜凍後變得更紅，在夕陽下，晚霞與紅葉互相輝映，我覺得它比二月的春花更好看呢！

jiāng nán chūn
江南春 （唐）杜牧
táng dù mù

qiān lǐ yīng tí lù yìng hóng
千里鶯啼綠映紅，

shuǐ cūn shān guō jiǔ qí fēng
水村山郭酒旗風。

nán cháo sì bǎi bā shí sì
南朝四百八十寺，

duō shǎo lóu tái yān yǔ zhōng
多少樓台煙雨中。

語譯 寬闊的江南大地上，黃鶯啼叫，百花盛放，紅花、綠葉相映襯，一片美麗的風光。水邊的村莊，沿着山勢而建的城鎮，到處可見酒家的旗幟隨風飄動。南朝時期因為皇帝重視佛教，興建了非常多的寺廟，如今這些寺廟建築都籠罩在迷濛的煙霧和雨水之中。

69

qīng míng
清明 <small>táng</small>（唐）<small>dù mù</small> 杜牧

qīng míng shí jié yǔ fēn fēn
清明時節雨紛紛，

lù shàng xíng rén yù duàn hún
路上行人欲斷魂。

jiè wèn jiǔ jiā hé chù yǒu
借問酒家何處有，

mù tóng yáo zhǐ xìng huā cūn
牧童遙指杏花村。

 語譯 清明節的時候，雨點紛紛落下來，一路上前去掃墓、踏青的人神色哀傷，滿懷愁緒。這個時候，應該喝點酒來排解鬱悶的心情，於是我走上前，向一個牧童詢問哪裏有賣酒的酒家，他伸手指向遠方的杏花村。

秋夕 ^{qiū xī} （唐）杜牧 ^{táng dù mù}

銀燭秋光冷畫屏，輕羅小扇撲流螢。
^{yín zhú qiū guāng lěng huà píng} ^{qīng luó xiǎo shàn pū liú yíng}

天階①夜色涼如水，臥看②牽牛織女星。
^{tiān jiē} ^{yè sè liáng rú shuǐ} ^{wò kàn} ^{qiān niú zhī nǚ xīng}

注釋

① 天階：露天的石階，也有說是天上宮殿的樓梯。
② 臥看：也有寫成「坐看」。

語譯

銀白色蠟燭的微弱光線，照到畫有圖畫的屏風上，令人更覺清冷。一個女孩拿着輕巧的絲質圓扇，到屋外輕撲正在飛舞的螢火蟲。秋天的晚上清涼如水，略有寒意，女孩不回屋裏睡覺，反而臥在露天石階上，仰望天上的牽牛星和織女星。

71

嫦娥 (cháng é)

(唐) 李商隱 (táng lǐ shāng yǐn)

雲母屏風燭影深，
(yún mǔ píng fēng zhú yǐng shēn)

長河漸落曉星沉。
(cháng hé jiàn luò xiǎo xīng chén)

嫦娥應悔偷靈藥，
(cháng é yīng huǐ tōu líng yào)

碧海青天夜夜心。
(bì hǎi qīng tiān yè yè xīn)

語譯 蠟燭的倒影照在以雲母石製成的屏風上，燭影越來越暗淡了。天上的銀河漸漸淡去，清晨時分出現的啟明星也逐漸消失，又一個寂靜的晚上過去了。月宮裏的嫦娥應該在後悔當初偷吃了長生不老的靈藥，自己飛上了月宮，現時只有碧綠的大海和深藍色的天空陪伴着她，多麼孤單、寂寞啊！

dēng lè yóu yuán
登樂遊原^①　^{táng}（唐）^{lǐ shāng yǐn}李商隱

xiàng wǎn　yì bú shì　　　qū chē dēng gǔ yuán
向晚^②意不適^③，驅車登古原。

xī yáng wú xiàn hǎo　　zhǐ shì jìn huáng hūn
夕陽無限好，只是近黃昏。

注釋

① 登樂遊原：樂遊原，唐代長安城裏面地勢最高的地方，站
　　在這裏可以望到長安城，唐代住在長安的人常
　　到這裏遊玩。詩題也有寫成《樂遊原》。
② 向晚：傍晚、黃昏。
③ 意不適：心情不好。

語譯

差不多到傍晚的時候，我的心情不好，於是駕車登上樂遊原，
希望能散散心。夕陽下的景色十分好看，只是臨近黃昏，眼
前的美景是如此短暫，終會消逝，心裏滿是無奈。

73

^{tiān zhú sì bā yuè shí wǔ rì yè guì zǐ}
天竺寺八月十五日夜桂子①

（唐）皮日休

^{yù kē shān shān xià yuè lún}　　^{diàn qián shí dé lù huá xīn}
玉顆珊珊下月輪，殿前拾得露華②新。

^{zhì jīn bú huì tiān zhōng shì}　　^{yīng shì cháng é zhì yǔ rén}
至今不會天中事，應是嫦娥擲與人。

① 桂子：特指桂花，一種天竺桂的果實。
② 露華：露珠。

八月十五日中秋節的晚上，我在天竺寺看到桂花飄落的景象。飄落的桂花花瓣像一顆顆玉珠，又像是從圓圓的月亮上落下來。我拾到落在殿前的花瓣，它們還帶着露珠，顯得濕潤、新鮮。到現在我都不明白天上的事，這應該是月宮裏的嫦娥拋擲下來，送給世人的吧！

華山① （宋）寇準②
huà shān　　sòng kòu zhǔn

只有天在上，更無山與齊。
zhǐ yǒu tiān zài shàng　gèng wú shān yǔ qí

舉頭紅日近，回首③白雲低。
jǔ tóu hóng rì jìn　huí shǒu bái yún dī

注釋

① 華山：位於陝西，中國五大名山（五嶽）之一，又稱西嶽。
　　華，粵音話。
② 寇準：北宋時期著名的政治家，曾兩次擔任宰相。寇，粵
　　音扣。
③ 回首：低頭。

語譯

站在地勢很高的華山之上，頭上只有天空，四周沒有別的山
跟它同齊，也沒有山可以與它比高。抬起頭來，看到紅紅的
太陽與人很接近；低下頭看，白雲就在腳下飄浮。

85

huà méi niǎo
畫眉鳥 （宋）歐陽修
sòng ōu yáng xiū

bǎi zhuàn qiān shēng suí yì yí
百囀千聲隨意移，

shān huā hóng zǐ shù gāo dī
山花紅紫樹高低。

shǐ zhī suǒ xiàng jīn lóng tīng
始知鎖向金籠聽，

bù jí lín jiān zì zài tí
不及林間自在啼。

語譯 在山林間生活的畫眉鳥可以盡情唱歌，歌聲婉轉優美，悦耳動聽。牠也可以在高高低低的樹林、色彩繽紛的花叢中隨意穿梭，飛來飛去。這時我才知道，關在金色籠子裏的畫眉鳥失去了自由，無論牠怎樣唱、怎樣叫，都不及在山林間自由生活時那樣動聽。

shān cūn yǒng huái
山村詠懷 （宋）邵雍

yī qù ér sān lǐ
一去①二三里，

yān cūn sì wǔ jiā
煙村四五家。

tíng tái liù qī zuò
亭台六七座，

bā jiǔ shí zhī huā
八九十枝花。

注釋 ① 去：距離。

語譯 在距離二三里遠的地方，有一個煙霧圍繞的村莊，村裏有四五戶人家生着炊煙。路過了六七座亭台，見到八九十枝花，景色優美。

城南　(宋) 曾鞏

雨過橫塘水滿堤，

亂山高下路東西。

一番桃李花開盡，

唯有青青草色齊。

語譯
春天一場大雨過後，橫塘的水滿出了堤岸，羣山高低起伏，水流沿着山勢分東西兩路流動。桃花和李花熱鬧地盛開了一段日子，現在都已過去，眼前只有青青綠草，翠綠一片。

元日 yuán rì （宋）王安石 sòng wáng ān shí

爆竹聲中一歲除，
bào zhú shēng zhōng yí suì chú

春風送暖入屠蘇。
chūn fēng sòng nuǎn rù tú sū

千門萬戶瞳瞳日，
qiān mén wàn hù tóng tóng rì

總把新桃換舊符。
zǒng bǎ xīn táo huàn jiù fú

語譯 農曆正月初一這天，在陣陣爆竹聲中，舊的一年過去了，迎來了新的一年。温暖的春風吹過來，人們按習俗在這一天喝屠蘇酒，覺得身子更暖和了。太陽初升，陽光照遍了千門萬戶，每家人都在忙着把舊的桃符（驅邪用的桃木板）取下來，換上新的桃符，祈求新一年吉祥如意。

bó chuán guā zhōu
泊船瓜洲①

sòng wáng ān shí
（宋）王安石

jīng kǒu guā zhōu yì shuǐ jiān
京口②瓜洲一水間，

zhōng shān zhǐ gé shù chóng shān
鍾山只隔數重山。

chūn fēng yòu lǜ jiāng nán àn
春風又綠江南岸，

míng yuè hé shí zhào wǒ huán
明月何時照我還。

注釋
① 瓜洲：瓜洲渡，在今江蘇揚州南。
② 京口：古城名稱，在今江蘇鎮江市。

語譯
瓜洲渡和京口之間隔着長江，與我住過的鍾山只隔了幾座山。
春風又一次吹綠了江南地區的花草樹木，明月什麼時候才照
着我回去家鄉呢？

90

méi huā
梅花

（宋）王安石
sòng wáng ān shí

qiáng jiǎo shù zhī méi
牆角數枝梅，

líng hán dú zì kāi
凌寒獨自開。

yáo zhī bú shì xuě
遙知不是雪，

wèi yǒu àn xiāng lái
為有暗香來。

語譯 牆角有幾枝雪白的梅花，別的花都因為寒冷而不開花，只有梅花不怕嚴寒，獨自開花。從遠處看過去，已經知道那不是雪，因為它在寒冬中仍散發着淡淡的香氣。

91

81

dēng fēi lái fēng
登飛來峯 (宋) 王安石 (sòng wáng ān shí)

fēi lái fēng shàng qiān xún　　tǎ　　　wén shuō jī míng jiàn rì shēng
飛來峯上千尋①塔，聞説雞鳴見日升。

bú wèi fú yún zhē wàng yǎn　　　zì yuán shēn zài zuì gāo céng
不畏浮雲遮望眼，自緣身在最高層。

 注釋　① 千尋：尋，計算單位，古時以八尺為一尋。「千尋」在這裏形容塔非常高。

 語譯　高峻的飛來峯上還有一座很高很高的塔，聽説雞鳴的時候可以看到太陽升起來。我不怕浮雲會遮擋我遠望的視線，因為我現在就站在最高的地方。

飲湖上初晴後雨
yǐn hú shàng chū qíng hòu yǔ

（宋）蘇軾
sòng sū shì

水光瀲灩晴方好，
shuǐ guāng liàn yàn qíng fāng hǎo

山色空濛雨亦奇。
shān sè kōng méng yǔ yì qí

欲把西湖比西子，
yù bǎ xī hú bǐ xī zǐ

淡妝濃抹總相宜。
dàn zhuāng nóng mǒ zǒng xiāng yí

語譯 晴天的時候，陽光照射到西湖的水面上，水波盪漾，波光閃動，十分好看。下雨的時候，雨霧迷濛，山水景色若隱若現，也很奇妙。西湖就好像古代有名的美人西施那樣，無論略加修飾的素淡打扮，還是濃妝豔抹的精緻裝扮，都是那樣合適、好看。

huì chóng chūn jiāng wǎn jǐng
惠崇春江晚景①

（宋）蘇軾
sòng sū shì

zhú wài táo huā sān liǎng zhī chūn jiāng shuǐ nuǎn yā xiān zhī
竹外桃花三兩枝，春江水暖鴨先知。

lóu hāo mǎn dì lú yá duǎn zhèng shì hé tún yù shàng shí
蔞蒿②滿地蘆芽③短，正是河豚欲上時。

 注釋

① 惠崇春江晚景：惠崇，宋代有名的畫家，擅長畫水鄉景色。
這首詩原本是題在畫上的「題畫詩」，詩題
也有寫作「惠崇春江曉景」，即早上的景色。
② 蔞蒿：多長在水邊的植物，葉子像羽毛。
蔞，粵音留。蒿，粵音好¹ hou¹。
③ 蘆芽：蘆葦的嫩芽，可食用。

 語譯

竹林外面的數枝桃花開花了，春天的時候，鴨子最先知道江水變暖。水邊長滿了蔞蒿，蘆葦也長出了短短的嫩芽，這正是河豚逆流而上、從海裏回到江河產卵的時候。

84

tí xī lín bì
題西林壁 （宋）蘇軾

héng kàn chéng lǐng　cè chéng fēng
橫看成嶺側成峯，

yuǎn jìn gāo dī gè bù tóng
遠近高低各不同。

bù shí lú shān zhēn miàn mù
不識廬山真面目，

zhǐ yuán shēn zài cǐ shān zhōng
只緣身在此山中。

語譯　從正面看，廬山是橫向伸延、延綿的山嶺；從側面看，廬山是陡峭挺拔的山峯。隨着距離和視線角度的變化，廬山從遠處看、從近處看、從高處看、從低處看，都有不同的姿態。我不知道廬山的真正全貌是怎樣的，因為我現時身處廬山之中，看到的只是廬山的一小部分。

贈劉景文　（宋）蘇軾
zèng liú jǐng wén　sòng sū shì

荷盡已無擎雨蓋，
hé jìn yǐ wú qíng yǔ gài

菊殘猶有傲霜枝。
jú cán yóu yǒu ào shuāng zhī

一年好景君須記，
yì nián hǎo jǐng jūn xū jì

最是橙黃橘綠時。
zuì shì chéng huáng jú lù shí

 語譯　荷葉枯萎了，它的莖已經撐不起那像雨傘一樣的葉子。菊花就不同了，雖然花瓣飄落，變得殘破，但菊花的枝幹仍然挺拔，不畏寒霜。你要記住，一年裏面最好看的美景，要數橙子金黃、橘子青綠的秋末初冬時節了。

huā yǐng
花影 （宋）蘇軾
sòng sū shì

chóng chóng dié dié shàng yáo tái
重重疊疊上瑤台，

jǐ dù hū tóng sǎo bù kāi
幾度呼童掃不開。

gāng bèi tài yáng shōu shí qù
剛被太陽收拾去，

què jiāo míng yuè sòng jiāng lái
卻教明月送將來。

語譯　花的影子重重疊疊、深深淺淺地映在華麗的樓台上，我幾次叫童僕來打掃，卻掃不開花影。太陽落山時剛把花影順道帶走了，但明亮的月亮卻又把花影送回來。

97

冬夜讀書示子聿① （宋）陸游

古人學問無遺力，少壯工夫老始成。

紙上得來終覺淺，絕知此事要躬行。

 注釋 ① 子聿：陸游的小兒子。聿，粵音核 wat⁶。

語譯 古人追求學問是不遺餘力的，年輕的時候就努力用功，到老的時候才有成就。從書本上得來的知識始終是淺薄的，要真正理解書本所說的道理，一定要親身去體驗、實踐。

示兒① （宋）陸游

死去原知萬事空，但悲不見九州②同。

王師③北定中原④日，家祭無忘告乃翁！

注釋

① 示兒：寫給兒子。南宋愛國詩人陸游寫這首詩時已八十五歲高齡，而且久病在牀，他知道自己活不久了，於是寫下這首詩，把自己的心聲告訴幾個兒子。

② 九州：古時中國分九個行政區，稱「九州」，後來代指中國。

③ 王師：這裏指南宋的國家軍隊。

④ 中原：黃河下游一帶。北宋末年，北方外族南下佔領中原地區，北宋軍隊無力抵抗，宋高宗在南方稱帝和建立首都，史稱「南宋」。

語譯

我原本就知道，一個人死後，人間所有事情都跟他沒有關係，但是我仍然因為見不到國家統一而悲傷。到國家軍隊收復被外族侵佔的中原失地的那一天，你們祭祀家中先人的時候，不要忘記把這個好消息告訴你們的父親（即陸游本人）。

89

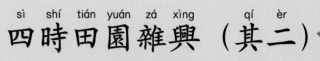

^{sì} ^{shí} ^{tián} ^{yuán} ^{zá} ^{xìng}　　^{qí} ^{èr}
四時田園雜興（其二）

^{sòng}　^{fàn chéng dà}
（宋）范成大

^{méi} ^{zǐ} ^{jīn} ^{huáng} ^{xìng} ^{zǐ} ^{féi}
梅子金黃杏子肥，

^{mài} ^{huā} ^{xuě} ^{bái} ^{cài} ^{huā} ^{xī}
麥花雪白菜花稀。

^{rì} ^{cháng} ^{lí} ^{luò} ^{wú} ^{rén} ^{guò}
日長籬落無人過，

^{wéi} ^{yǒu} ^{qīng} ^{tíng} ^{jiá} ^{dié} ^{fēi}
唯有蜻蜓蛺蝶飛。

語譯 梅子漸漸變得金黃，杏子也越來越大，蕎麥花雪白一片，黃澄澄的油菜花疏疏落落的。夏季的白天越來越長了，籬笆的影子隨着太陽升高而變短。農民早出晚歸，為農事而忙碌着，很少看到有人從門前的籬笆經過，只看見蜻蜓和蝴蝶在飛舞。

zhōu guò ān rén
舟過安仁
（宋）楊萬里 (sòng yáng wàn lǐ)

yí　yè　yú chuán liǎng xiǎo tóng　　shōu gāo　tíng zhào　zuò chuán zhōng
一葉漁船兩小童，收篙①停棹②坐船中。

guài shēng　wú　yǔ　dōu zhāng sǎn　　bú　shì　zhē　tóu　shì　shǐ　fēng
怪生③無雨都張傘，不是遮頭是使風④。

注釋

① 篙：撐船的竹竿或木棍，也可指船。粵音高。
② 棹：船槳。粵音驟。
③ 怪生：怪不得。
④ 使風：使用、借助風力。使，粵音史。

語譯

一條漁船上面，有兩個小孩坐在那裏，他們收起了竹竿和船槳，沒有划船。怪不得他們沒有下雨都張開雨傘，原來那雨傘不是用來遮雨，而是當作風帆，讓小船借助風力來行駛。

xiǎo chí
小池 （宋）楊萬里

quán yǎn wú shēng xī xì liú
泉眼無聲惜細流，

shù yīn zhào shuǐ ài qíng róu
樹陰照水愛晴柔。

xiǎo hé cái lù jiān jiān jiǎo
小荷才露尖尖角，

zǎo yǒu qīng tíng lì shàng tóu
早有蜻蜓立上頭。

語譯 在一個小池裏面，泉眼好像捨不得泉水流走似的，讓泉水細細地、慢慢地流出來。池邊的大樹把樹蔭映照在池面上，好像很喜愛陽光下柔美的水波。池裏小小的荷葉才剛長出來，嫩綠的葉子還捲着，就像尖尖的角那樣。不過，蜻蜓早就來到這裏，站立在尖尖的荷葉上面了。

曉出淨慈寺送林子方
xiǎo chū jìng cí sì sòng lín zǐ fāng

（宋）楊萬里
sòng　yáng wàn lǐ

畢竟①西湖六月中，風光不與四時②同。
bì jìng　xī hú liù yuè zhōng　fēng guāng bù yǔ sì shí tóng

接天蓮葉無窮碧，映日荷花別樣③紅。
jiē tiān lián yè wú qióng bì　yìng rì hé huā bié yàng hóng

注釋

① 畢竟：到底。
② 四時：四季。這裏指夏季以外的時間。
③ 別樣：特別、額外。

語譯

六月的早上，畢竟是到了夏季，眼前西湖的風景跟其他季節都不同。碧綠的荷葉長得很茂盛，而且望不到盡頭，一片碧綠，彷彿連接着天空。粉紅的荷花在朝陽的映照下顯得特別紅，十分好看。

103

春日 （宋）朱熹

勝日①尋芳②泗水③濱，

無邊光景一時新。

等閒識得東風面，

萬紫千紅總是春。

注釋

① 勝日：春天天氣晴朗的美好日子。
② 芳：花草。
③ 泗水：河流名稱，在今山東境內。泗，粵音試。

語譯

在一個晴朗的日子裏，我沿着泗水水邊尋找春日的花草美景。這裏的風光景色寬闊無邊，萬物充滿生機，煥然一新。隨意閒逛都感覺到春風的面貌，千萬朵色彩艷麗的鮮花隨處可見，這都是春風帶來的美麗景象。

月兒彎彎照九州① 宋代民歌

月兒彎彎照九州，幾家歡樂幾家愁。

幾家夫婦同羅帳②，幾家飄散在他州。

注釋

① 月兒彎彎照九州：南宋初年，這首民歌在江南一帶流傳。當時外族金人佔領中國北方的土地，百姓因戰亂而離開家鄉，與親人分散。

② 羅帳：掛在牀上的絲織帳幕。這裏指夫婦團聚。

語譯

彎彎的月兒照着中國大地，這裏有多少家人生活歡樂，有多少家人充滿憂愁。有多少家人能夫婦團聚，有多少家人要與親人分開，散落在異地他鄉。

tí lín ān dǐ題臨安邸① (宋) 林升

shān wài qīng shān lóu wài lóu
山外青山樓外樓，xī hú gē wǔ jǐ shí xiū西湖歌舞幾時休！

nuǎn fēng xūn dé yóu rén zuì
暖風熏得遊人醉，zhí bǎ háng zhōu zuò biàn zhōu直把杭州作汴州②。

注釋

① 題臨安邸：臨安，南宋時期的都城，即今浙江杭州。邸，旅館，粵音抵。這首詩原本題寫在臨安一家旅館的牆上，林升借詩批評當時逃亡到南方的權臣、貴族只顧享樂，忘記了北方的國土還在外族手中。

② 汴洲：北宋時期的都城，即今河南開封。汴，粵音辯。

語譯

遠處的山峯之外還有青山，來自北方的權臣、貴族在這裏興建的亭台樓閣一座又一座，他們常去西湖遊玩，非常愉快，但這些歌舞什麼時候才能停止呢！舒適的暖風把前來遊玩的人熏醉了，他們沉醉在吃喝玩樂當中，簡直把南方的杭州，當作北方的汴州了。

約客 (宋) 趙師秀

yuē kè　　sòng zhào shī xiù

huáng méi shí jié jiā jiā yǔ
黃梅時節家家雨，

qīng cǎo chí táng chù chù wā
青草池塘處處蛙。

yǒu yuē bù lái guò yè bàn
有約不來過夜半，

xián qiāo qí zǐ luò dēng huā
閒敲棋子落燈花①。

注釋　① 燈花：燈芯燃燒時結成的花狀物體。

語譯　江南正值黃梅時節，經常會下雨，家家戶戶都被雨水淋濕了。在這個寂靜的雨夜裏，遠處長有青草的池塘裏傳來青蛙的叫聲。我原本約了朋友來下棋，但是等了很久他都不來，現時已經很晚了，我無聊地坐着，用棋子敲桌子，敲着敲着，把蠟燭燒久了而形成的燈花都震得掉下來了。

遊園不值① yóu yuán bù zhí 〔宋〕葉紹翁 sòng yè shào wēng

應憐屐齒②印蒼苔，
yīng lián jī chǐ yìn cāng tái

小扣柴扉久不開。
xiǎo kòu chái fēi jiǔ bù kāi

春色滿園關不住，
chūn sè mǎn yuán guān bú zhù

一枝紅杏出牆來。
yì zhī hóng xìng chū qiáng lái

 注釋

① 遊園不值：不值，沒有遇到。葉紹翁在初春的某一天去探訪朋友，但是朋友不在家，沒有遇上。
② 屐齒：木鞋鞋底的釘齒。屐，粵音劇。

 語譯

朋友家門前的青苔被我踩出了鞋印，他應該感到可惜和心疼，我輕輕地扣門，但很久都沒有人來開門。不過，這滿園春色是關不住的，那裏就有一枝粉紅的杏花伸出牆外來了。

míng rì gē
明 日 歌 （明）錢鶴灘

明日復明日，明日何其多。

我生待明日，萬事成蹉跎。

世人若被明日累，春去秋來老將至。

朝看水東流，暮看日西墜。

百年明日能幾何？請君聽我明日歌。

語譯 明日又明日，明日是何等的多。我一生都在等待明日，把事情留到明日才做，結果什麼事都做不成，虛度了光陰。世上的人如果跟我一樣都被「等待明日」拖累，時間一年又一年快速地過去，人很快就變老了。早上去看河水向東流，傍晚去看太陽在西面落下，今日的事就要今日做，不要拖到明日。人的一生不過百年，這一百年裏面，能有多少個明日呢？請大家來聽聽我的《明日歌》。

畫雞 huà jī （明）唐寅① míng táng yín

頭上紅冠不用裁，
tóu shàng hóng guān bú yòng cái

滿身雪白走將來。
mǎn shēn xuě bái zǒu jiāng lái

平生不敢輕言語，
píng shēng bù gǎn qīng yán yǔ

一叫千門萬戶開。
yí jiào qiān mén wàn hù kāi

 ① 唐寅：又叫唐伯虎，明代畫家、文學家。寅，粵音仁。

 大公雞頭上戴着紅色的冠帽，這頂冠帽是不用裁剪和縫製的。牠滿身都是雪白的羽毛，神氣地走過來。平時牠不輕易開口說話，因為牠一啼叫，家家戶戶都給牠叫醒了。

村居 （清）高鼎

草長鶯飛二月天，

拂堤楊柳醉春煙。

兒童散學歸來早，

忙趁東風放紙鳶。

語譯 小草長出來了，黃鶯在空中飛舞，楊柳的枝條輕輕地拂拭堤岸，前後擺動，像是沉醉在春天的霧氣裏，四周充滿生氣。一羣兒童早早放學回家，趁有東風吹過，正忙着乘風放紙鳶（粵音淵）。

兒童經典啟蒙叢書

古詩一百首

編　　者：新雅編輯室
繪　　圖：歐偉澄
責任編輯：陳友娣
美術設計：李成宇
出　　版：新雅文化事業有限公司
　　　　　香港英皇道 499 號北角工業大廈 18 樓
　　　　　電話：（852）2138 7998
　　　　　傳真：（852）2597 4003
　　　　　網址：http://www.sunya.com.hk
　　　　　電郵：marketing@sunya.com.hk
發　　行：香港聯合書刊物流有限公司
　　　　　香港荃灣德士古道 220-248 號荃灣工業中心 16 樓
　　　　　電話：（852）2150 2100
　　　　　傳真：（852）2407 3062
　　　　　電郵：info@suplogistics.com.hk
印　　刷：中華商務彩色印刷有限公司
　　　　　香港新界大埔汀麗路 36 號
版　　次：二〇一八年七月初版
　　　　　二〇二四年九月第四次印刷

ISBN: 978-962-08-7091-0
© 2018 Sun Ya Publications (HK) Ltd.
18/F, North Point Industrial Building, 499 King's Road, Hong Kong
Published in Hong Kong SAR, China
Printed in China